Morado/Purple

Mira el morado que te rodea/Seeing Purple All around Us

por/by Sarah L. Schuette

Asesora literaria/Reading Consultant:
Dra. Elena Bodrova, asesora principal/Senior Consultant,
Mid-continent Research for Education and Learning

Capstone
press

Mankato, Minnesota

A+ Books are published by Capstone Press,
151 Good Counsel Drive, P.O. Box 669, Mankato, Minnesota 56002.
www.capstonepress.com

1 2 3 4 5 6 12 11 10 09 08 07

Library of Congress Cataloging-in-Publication Data
Schuette, Sarah L., 1976–
   [Purple. Spanish & English]
   Morado : mira el morado que te rodea = Purple : seeing purple all around us / por Sarah L. Schuette.
   p. cm.—(A+ books. Colores)
   Includes index.
   ISBN-13: 978-1-4296-0009-5 (hardcover : alk. paper)
   ISBN-10: 1-4296-0009-8 (hardcover : alk. paper)
   ISBN-13: 978-1-4296-1190-9 (softcover pbk.)
   ISBN-10: 1-4296-1190-1(softcover pbk.)
   1. Purple—Juvenile literature. I. Title. II. Title: Purple : seeing purple all around us. III. Series.
QC495.5.S36618 2008
535.6—dc22   2006100219

Summary: Text and photographs describe common things that are purple, including eggplants, grape jelly, and flowers—in both English and Spanish.

Interactive ISBN-13: 978-0-7368-7924-8
Interactive ISBN-10: 0-7368-7924-2

Created by the A+ Team

Sarah L. Schuette, editor; Heather Kindseth, production designer; Patrick D. Dentinger, production designer; Gary Sundermeyer, photographer; Nancy White, photo stylist; translations.com, translation services; Eida del Risco, Spanish copy editor; Katy Kudela, bilingual editor; Mary Bode, book designer

A+ Books thanks Michael Dahl for editorial assistance.

Note to Parents, Teachers, and Librarians

The Colores/Colors set uses full-color photographs and a nonfiction format to introduce children to the world of color. *Morado/Purple* is designed to be read aloud to a pre-reader or to be read independently by an early reader. Photographs and activities help early readers and listeners understand the text and concepts discussed. The book encourages further learning by including the following sections: Table of Contents, Glossary, Internet Sites, and Index. Early readers may need assistance using these features.

Table of Contents

Tabla de contenidos

Purple in Nature/
El morado en la naturaleza

4

Purple blooms and purple flowers.

El morado florece y se abre.

Purple grows tall
from spring showers.

Rain helps flowers grow. The iris is a flower with purple petals. The tall flowers bloom every year.

La lluvia ayuda a las plantas a crecer. El lirio es una flor con pétalos morados. La flor florece todos los años.

El morado crece por la lluvia de primavera.

Purple cabbage grows well in cool weather. This vegetable tastes good in salads.

La col morada crece en un clima templado. Este vegetal sabe muy bien en ensaladas.

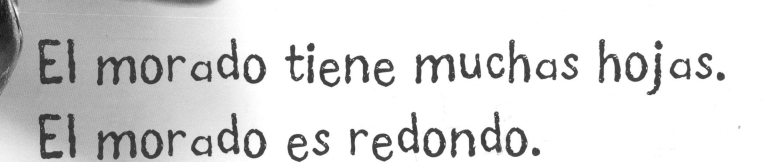

Purple is leafy.
Purple is round.

El morado tiene muchas hojas.
El morado es redondo.

Purple can grow
above the ground.

Plums are purple fruits. They grow on trees. Dried plums turn into prunes.

Las ciruelas son frutas moradas. Crecen en árboles. Las ciruelas secas se convierten en ciruelas pasas.

El morado puede crecer por encima del suelo.

Purple ripens on a warm, sunny day.

An eggplant can grow as large as a football. Most people think that an eggplant is a vegetable. It is really a fruit.

Una berenjena puede llegar a ser tan grande como un balón de fútbol americano. La mayoría de las personas piensa que la berenjena es un vegetal. En realidad es una fruta.

El morado madura en
un día cálido y soleado.

13

You can toss a boomerang in the air. It will come back to you.

Puedes lanzar un búmerang en el aire. Siempre va a regresar a ti.

Purple comes back
from flying
far away.

El morado regresa
después de volar
muy lejos.

Purple spreads on
a piece of bread.

El morado se unta
en una rebanada
de pan.

People add sugar
to grape juice.
They cook the juice
to make jelly.

Si ponemos azúcar
al jugo de uva y
lo cocinamos, se
hace jalea.

17

Purple sits high on top of your head.

18

Hats are important.
A hat warms your head
on cold, windy days.

Los sombreros son
importantes. Los
sombreros te abrigan
la cabeza en los días
fríos y ventosos.

El morado está
encima de tu cabeza.

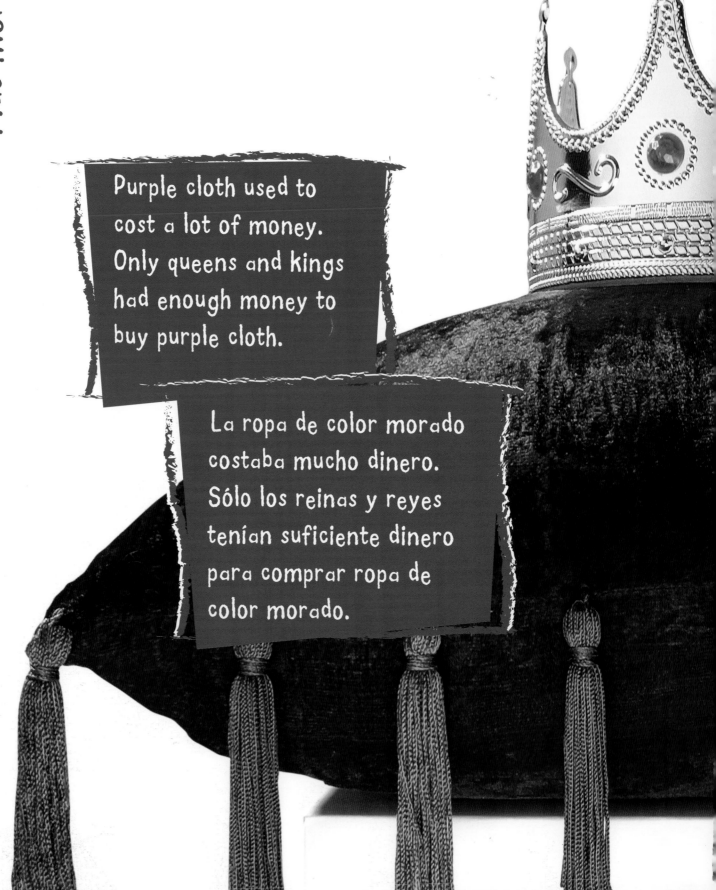

Purple cloth used to
cost a lot of money.
Only queens and kings
had enough money to
buy purple cloth.

La ropa de color morado
costaba mucho dinero.
Sólo los reinas y reyes
tenían suficiente dinero
para comprar ropa de
color morado.

Purple is worn by queens and kings.

El morado viste a reinas y reyes.

Purple can make more purple things.

Crayons are sticks of colored wax. Other names for purple crayons are lilac and plum.

Los crayones son barras de cera de colores. Otros nombres para los crayones morados son lila y ciruela.

El morado puede hacer más cosas moradas.

Purple is sweet.
Purple is chilly.

El morado es dulce.
El morado es refrescante.

Grapes grow on vines. People squeeze grapes to make juice. Grape juice tastes sweet.

Las uvas crecen en vides. Las uvas se aplastan para hacer jugo. El jugo de uva es dulce.

Purple is fun.
Purple is silly!

El morado es divertido.
¡El morado es juguetón!

Making Purple/Haz morado

Artists use a color wheel to know how to mix colors. Yellow, red, and blue are primary colors. They mix together to make secondary colors. Purple, orange, and green are the secondary colors they make. You can make purple by mixing blue and red.

color wheel/
círculo de colores

Los artistas utilizan un círculo de colores para saber cómo mezclarlos. Los colores primarios son azul, rojo y amarillo. Se mezclan entre sí para crear los colores secundarios. El morado, naranja y verde son los colores secundarios que se forman. Puedes hacer color morado al mezclar azul y rojo.

You will need

2 small cartons of vanilla yogurt

2 bowls

blue and red food coloring

2 spoons

graham crackers

Necesitarás

2 tazas de yogur sabor vainilla

2 recipientes

colorantes vegetales azul y rojo

2 cucharas

galletas integrales

1 Pour one carton of yogurt into a bowl. Add four drops of blue food coloring. Stir with a spoon until the yogurt is dyed blue.

1 Vierte una taza de yogur en un recipiente. Ponle cuatro gotas de colorante vegetal azul. Mézclalo con una cuchara hasta que todo el yogur se tiña de azul.

2 Pour the other carton of yogurt into the second bowl. Add eight drops of red food coloring. Stir with a spoon until the yogurt is dyed red. The yogurt may look pink. Pink is a tint of red. Adding white to a color makes a tint.

2 Vierte la otra taza de yogur en el segundo recipiente. Ponle ocho gotas de colorante vegetal rojo. Mézclalo con una cuchara hasta que todo el yogur se tiña de rojo. Puede que el yogur se vea rosa. El rosa es un matiz del rojo. Al ponerle blanco a un color se produce un matiz.

3 Wash your hands and dip into the bowls with your fingers. Mix the red and blue yogurt together on a graham cracker. What color does it make? See what designs you can make on the cracker. You can eat the cracker and yogurt for a snack.

3 Lávate las manos y toma con tus dedos el yogur de los recipientes. Mezcla el yogur rojo y el azul en una galleta integral. ¿Qué color se forma? Prueba a pintar la galleta de diferentes formas. Puedes comerte el yogur y la galleta como bocadillo.

Glossary

fruit—the fleshy, juicy part of a plant that people eat; plums, grapes, and eggplants are purple fruits.

king—a man from a royal family who is the ruler of a country

petal—one of the colored outer parts of a flower

queen—a woman from a royal family who is the ruler of a country

vegetable—a plant grown for food; cabbage is a purple vegetable.

vine—a plant with a long stem that grows along the ground; grapes grow on woody vines.

wax—a substance made from fat or oil that is used to make crayons; crayons are many colors.

Internet Sites

FactHound offers a safe, fun way to find Internet sites related to this book. All of the sites on FactHound have been researched by our staff.

Here's how:

1. Visit *www.facthound.com*
2. Choose your grade level.
3. Type in this book ID 1429600098 for age-appropriate sites. You may also browse subjects by clicking on letters, or by clicking on pictures and words.
4. Click on the Fetch It button.

FactHound will fetch the best sites for you!

Glosario

la cera—sustancia hecha de grasa o aceite que se usa para hacer crayones; los crayones pueden ser de muchos colores.

la fruta—parte comestible, carnosa y jugosa de una planta; las ciruelas, uvas y berenjenas son frutas moradas.

el pétalo—parte externa de la flor que tiene color

la reina—mujer de una familia real que gobierna un país

el rey—hombre de una familia real que gobierna un país

el vegetal—planta que se cultiva como comida; la col es un vegetal morado.

la vid—planta con tallo muy largo que crece por el suelo; las uvas crecen en vides leñosas.

Sitios de Internet

FactHound te brinda una manera divertida y segura de encontrar sitios de Internet relacionados con este libro. Hemos investigado todos los sitios de FactHound. Es posible que algunos sitios no estén en español.

Se hace así:
1. Visita *www.facthound.com*
2. Elige tu grado escolar.
3. Introduce este código especial 1429600098 para ver sitios apropiados a tu edad, o usa una palabra relacionada con este libro para hacer una búsqueda general.
4. Haz un clic en el botón Fetch It.

¡FactHound buscará los mejores sitios para ti!

Index

Índice